Die in den Sitzungsberichten Abt. I und Abt. II der math.-nat. Klasse der Österr. Akad. d. Wiss. erscheinenden Abhandlungen werden auch einzeln abgegeben. Sie können durch jede Buchhandlung oder direkt durch die Auslieferungsstelle der Österreichischen Akademie der Wissenschaften (Wien I, Singerstraße 12) bezogen werden.

Nachfolgende Abhandlungen aus den Fächern **Mathematik** und **Technik** sind erschienen:

1950 (1950) (S II a, Bd. 159):

Hohenberg F.: Zur Geometrie des Funkmeßbildes (mit 2 Abbildungen). 14 Seiten. S 12.40
Jarosch W.: Matrizenbänder, 14 Seiten. S 5.20
Schmid H.: Fehlertheorie der gegenseitigen Orientierung von Luftbildern und Zugrundelegung eines Orientierungspunktgitters (mit 13 Abbildungen), 31 Seiten. S 28.40

1951 (S II a, Bd. 160):

Hohenberg F.: Komplexe Erweiterung der gewöhnlichen Schraubenlinie (mit 1 Abbildung), 14 Seiten. S 7.80
Huber A.: Das Verhalten der Integrale der Gibbs-Duhem-Margules'schen Gleichung für binäre Gemische in der Umgebung ihrer festen singulären Stellen (mit 3 Abbildungen), 16 Seiten. S 10.50
Krames J.: Zur Geometrie der gegenseitigen Einpassung von Luftaufnahmen (mit 4 Abbildungen), 15 Seiten. S 7.—
Parkus H.: Wärmespannungen in Rotationsschalen mit drehsymmetrischer Temperaturverteilung (mit 1 Abbildung), 13 Seiten. S 7.50
Ströher W.: Zur projektiven Differentialgeometrie ebener Kurven, 8 Seiten. S 6.—
Wunderlich W.: Zur Differenzengeometrie der Flächen konstanter negativer Krümmung (mit 8 Abbildungen), 38 Seiten. S 16.—

1952 (S II a, Bd. 161):

Federhofer K.: Über die Eigenschwingungen der Kreiszylinderschale mit veränderlicher Wandstärke, 16 Seiten. S 14.80

1953 (S II a, Bd. 162):

Nöbauer W.: Über Gruppen von Restklassen nach Restpolynomidealen. S 19.40
Vietoris L.: Der Richtungsfehler einer durch das Adamssche Interpolationsverfahren gewonnenen Näherungslösung einer Gleichung $y' = f(x, y)$. S 8.80
Vietoris L.: Der Richtungsfehler einer durch das Adamssche Interpolationsverfahren gewonnenen Näherungslösung eines Systems von Gleichungen $y' = f_k(x, y_1, y_2 \ldots y_m)$. S 8.80
Wunderlich W.: Über die ebenen Loxodromen (mit 2 Abbildungen). S 6.30

1954 (S II, Bd. 163):

Federhofer K.: Die durch pulsierende Axialkräfte gedrückte Kreiszylinderschale. S 13.40
Raher W. und Selig F.: Die Verwendung der Motorsymbolik in der theoretischen Mechanik. S 17.80

1955 (S IIa, Bd. 164):

Federhofer K.: Zur Kinematik des Schleifkurvengetriebes (mit 5 Abbildungen). S 11.—
Ströher W.: Über einen gewissen Typus von Differentialinvarianten der projektiven und der apollonischen Gruppe der Ebene. S 28.40
Wunderlich W.: Doppelloxodromen mit schneidendem Achsenpaar (mit 6 Abbildungen). S 22.50

ISBN 978-3-662-22697-1   ISBN 978-3-662-24626-9 (eBook)
DOI 10.1007/978-3-662-24626-9

Zur Theorie der konstruktiv brauchbaren linearen Bildersysteme im R_n

Von

Josef P. Tschupik (Graz)

(Mit 5 Abbildungen)

(Vorgelegt in der Sitzung am 26. Oktober 1961)

1. Einleitung

In dem auf diese Einleitung folgenden Abschnitt 2 werden gewisse lineare Bildersysteme betrachtet, die sich aus der simultanen Ausübung von k Projektionen und einer weiteren Menge aus ihnen ableitbarer Projektionen in einem projektiven n-dimensionalen Raum R_n ergeben. Durch die Forderung der *konstruktiven Auswertbarkeit* werden in den Abschnitten 3 und 4 aus ihnen spezielle Systeme — sog. K-Systeme — gewonnen und auf eine Zeichenebene abgebildet. Sieht man von der Abbildung auf die Zeichenebene ab, so weisen diese K-Systeme insoferne eine gewisse Ähnlichkeit mit Abbildungen auf, die P. H. Schoute in [7] und R. Mehmke in [4] und [5] in euklidisch metrischen Räumen verwendet haben[1], als letzten Endes die R_n-Punkte auf $n-1$ Rißebenen projiziert werden. Abschnitt 4.3. zeigt, daß die K-Systeme bei geeigneter Projektion auf die Zeichenebene sog. G-Systeme liefern, die eine einfachere Ordnerbindung der Bildpunkte erlauben, als dies bei Schoute der Fall ist. Die große Anzahl der Risse und die unhandliche Ordnerbindung dürfte ein Grund gewesen sein, daß der von Schoute beschrittene Weg nicht weiter verfolgt worden ist. L. Eckhart z. B. geht in [2] nicht auf diesen Weg ein, sondern schlägt für gerades n eine Abbildung auf $\frac{n}{2}$ und für ungerades n eine Abbildung auf $\frac{n+1}{2}$ Rißebenen vor. Für $n > 3$ sind zwar diese Rißanzahlen kleiner als $n-1$,

---

[1] Auf die zahlreiche Literatur, die sich nur auf die darstellende Geometrie im vierdimensionalen Raum bezieht, soll hier nicht eingegangen werden.

doch ist dies nur scheinbar ein Vorteil, da man bei der tatsächlichen Durchführung von Konstruktionen noch Hilfsrisse heranziehen wird. Die Verwendung von $n-1$ Rißebenen erscheint aber vor allem deshalb gerechtfertigt, weil sie einheitliche Konstruktionsverfahren zu entwickeln gestattet, einerlei ob n gerade oder ungerade ist. Die Entwicklung dieser Konstruktionsverfahren muß allerdings päteren Arbeiten vorbehalten bleiben.

Im 5. Abschnitt werden die konstruktiv brauchbaren Bildersysteme weiter spezialisiert, so daß sie für die Abbildung affiner oder euklidisch metrischer Räume besonders geeignet werden.

Wie eingangs erwähnt, soll ein n-dimensionaler Punktraum R_n als Operationsraum vorgegeben werden und zwar je nach Bedarf ein projektiver, affiner oder euklidisch metrischer R_n. Stets sei aber $n \geq 3$. Mit R_p bezeichnen wir p-dimensionale lineare Unterräume des R_n. Um auszudrücken, daß ein Raum Σ die Dimension p hat, schreiben wir auch dim $\Sigma = p$. $[R_p R_q \ldots R_t]$ benützen wir als Symbol für den Verbindungsraum und $(R_p R_q \ldots R_t)$ für den Schnittraum der linearen Unterräume $R_p, R_q \ldots R_t$ des R_n. Übrigens gelten bekanntlich für Verbindungs- und Schnitträume die Beziehungen

Max $(p, q) \leq$ dim $[R_p R_q] \leq$ Min $(p + q + 1, n)$,
Max $(-1, p + q - n) \leq$ dim $(R_p R_q) \leq$ Min (p, q)
und dim $[R_p R_q] = p + q -$ dim $(R_p R_q)$. dim $(R_p R_q) = -1$ bedeutet dabei Punktfremdheit von R_p und R_q.

2. Bildersysteme mit dimensionsbeschränkten Zentren

In diesem Abschnitt sei ein reeller projektiver R_n als Operationsraum vorgegeben.

Sind Z und Π zwei punktfremde lineare Unterräume des R_n, für die

$$\dim Z + \dim \Pi = n - 1 \qquad (0)$$

gilt, so bezeichnen wir als *P-Projektion*[2] eines R_n-Punktes P ($P \notin Z$) aus dem *Zentrum* Z auf den *Bildraum* Π die Abbildung von P auf den

---

[2] Die Bezeichnung P-Projektion wurde in [8] eingeführt, um diese Art linearer Projektionen — die übrigens schon lange bekannt ist — von den allgemeineren linearen Projektionsvorgängen, die F. Hohenberg in [3] behandelt hat, zu unterscheiden.

Schnittpunkt P' des Verbindungsraumes $[ZP]$ mit Π. Wir schreiben dies auch als

$$P \xrightarrow{Z} P' \in \Pi.$$

Damit die P-Projektion nichttrivial sei, setzen wir dim $\Pi > 0$ voraus. dim $\Pi = 0$ würde die triviale Abbildung aller Punkte P ($P \not\in Z$) des R_n auf einen und denselben Punkt Π bedeuten.

Im folgenden beschäftigen wir uns mit Bildersystemen, die durch simultane Ausübung von k P-Projektionen entstehen, wobei für diese P-Projektionen eine Dimensionsbeschränkung für die beteiligten Zentren charakteristisch ist (siehe weiter unten unter (1 A) und (1 B)).

2. 1. Aufbau eines Bildersystems

Voraussetzung (1)

Es sei im R_n eine Menge $\{\mathfrak{P}\}$ von k P-Projektionen $\mathfrak{P}_i$ ($i = 1, 2, \ldots k$) mit den Zentren Z_i und den Bildräumen Π_i gegeben. Wir setzen dim $Z_i = n - r_i$ und dim $\Pi_i = r_i - 1$; r_i ist eine natürliche Zahl, für die $1 < r_i \leq n$ gelten möge[3]. Die Zentren fassen wir in einer Menge $\{Z\}$ und die Bildräume in einer Menge $\{\Pi\}$ zusammen. Die Projektionen $\mathfrak{P}_i$ sollen folgenden Bedingungen genügen:

(1 A) Die Z_i sollen paarweise punktfremd sein. Die Verbindungsräume beliebig vieler elementefremder Z_i-Mengen sollen untereinander stets nur Schnitträume von kleinstmöglicher Dimension haben.

(1 B) Für den Verbindungsraum $O = [Z_1 Z_2 \ldots Z_k]$ soll dim $O \leq n - 2$ gelten (diese Voraussetzung wird getroffen, um später O als Zentrum einer nichttrivialen P-Projektion benützen zu können).

(1 C) Greift man aus $\{\Pi\}$ beliebig viele Π_i willkürlich heraus, so soll ihr Schnittraum kleinstmögliche Dimension haben.

(1 D) Ist λ eine natürliche Zahl, für die $1 \leq \lambda \leq k$ gilt, und greift man λ Projektionen $\mathfrak{P}_i$ beliebig aus $\{\mathfrak{P}\}$ heraus, so soll der Verbindungsraum Z^* ihrer Zentren Z_i mit dem Schnittraum Π^* ihrer Bildräume Π_i nur einen Schnittraum von kleinstmöglicher Dimension haben.

---

[3] Man kann zeigen, daß P-Projektionen spezielle singuläre Kollineationen sind. r_i bedeutet dann den Rang der Transformationsmatrix. Vgl. hiezu z. B. [1], S. 65 ff.

Anmerkung: Aus der Voraussetzung (1) folgt, daß die Dimension des Verbindungsraumes zweier Zentren Z_α, Z_β stets nach der Formel dim $[Z_\alpha Z_\beta]$ = dim Z_α + dim Z_β + 1 und die des Schnittraumes zweier Bildräume Π_γ, Π_δ mit dim $(\Pi_\gamma \Pi_\delta)$ = Max $(-1, \dim \Pi_\gamma + \dim \Pi_\delta - n)$ gefunden wird.

Wählt man alle Zentren der Menge $\{Z\}$ als Punkte, so gilt also
$$\dim O = k - 1 \leq n - 2$$
und man sieht, *daß stets $k \leq n - 1$ sein muß.*

Satz 1: Unter der Voraussetzung (1) können der Verbindungsraum Z^* der Zentren Z_i und der Schnittraum Π^* der Bildräume Π_i von λ beliebig aus $\{\mathfrak{P}\}$ herausgegriffenen Projektionen $\mathfrak{P}_1, \mathfrak{P}_2 \ldots \mathfrak{P}_\lambda$ als Zentrum und Bildraum einer neuen nichttrivialen P-Projektion $\mathfrak{P}^*$ des R_n aufgefaßt werden (daß die herausgegriffenen Projektionen die Indizes $1, 2, \ldots \lambda$ aufweisen, bedeutet keine Einschränkung der Allgemeinheit).

Beweis:

Wegen dim Z^* = dim $[Z_1 Z_2 \ldots Z_\lambda] \leq$ dim $O \leq n - 2$ ist Z^* stets echter Unterraum des R_n. Weiters gilt (2)
$$\dim Z^* = \dim [Z_1 Z_2 \ldots Z_\lambda] = \lambda - 1 + \sum_{i=1}^{\lambda}(n - r_i) = \lambda(n+1) - 1 - \sum_{i=1}^{\lambda} r_i$$
und
$$\dim \Pi^* = \dim (\Pi_1 \Pi_2 \ldots \Pi_\lambda) = n(1-\lambda) + \sum_{i=1}^{\lambda}(r_i - 1) =$$
$$= n - \lambda(n+1) + \sum_{i=1}^{\lambda} r_i.$$

Daraus folgt einerseits dim Z^* + dim $\Pi^* = n - 1$ und wegen dim $Z^* \leq n - 2$ andererseits
$$\dim \Pi^* \geq 1. \tag{3}$$

Man sieht also, daß Z^* und Π^* die Bedingung (0) erfüllen und daß die Dimension von Π^* eine nichttriviale P-Projektion gewährleisten würde. Es ist nur noch zu zeigen, daß Z^* und Π^* punktfremd sind, so ist die Behauptung bewiesen.

Hätten Z^* und Π^* einen R_α gemein, so müßte wegen (1 D) der R_n ihr kleinster Verbindungsraum sein und es müßte

$$\dim Z^* + \dim \Pi^* = n + \alpha$$

gelten.

Wenn $\alpha \geqq 0$ wäre, so stünde dieses Ergebnis im Widerspruch zu (0). Daraus folgt, daß Z^* und Π^* tatsächlich punktfremd sind.

Satz 2: Unter der Voraussetzung (1) gilt

a) *Sind Z^* und $\overline{Z}^*$ zwei Verbindungsräume elementefremder Z_i-Mengen aus $\{Z\}$, so sind Z^* und $\overline{Z}^*$ auch punktfremd.*

b) *Sind $\mathfrak{P}_\mu$, $\mathfrak{P}_\nu$ ($\mu \neq \nu$) zwei beliebig aus $\{\mathfrak{P}\}$ herausgegriffene Projektionen, so gilt für sie die Beziehung $\dim Z_\mu < \dim \Pi_\nu$.*

Beweis zu a)

Z^* und $\overline{Z}^*$ müssen der Voraussetzung (1 A) genügen. Setzen wir $\dim Z^* = p$ und $\dim \overline{Z}^* = q$, so muß daher

$$\dim (Z^* \overline{Z}^*) = \mathrm{Max}\, (-1,\, p + q - n)$$

sein. Angenommen, Z^* und $\overline{Z}^*$ sind nicht punktfremd, so wird daraus

$$\dim (Z^* \overline{Z}^*) = p + q - n.$$

Diese Formel besagt, daß der Gesamt-R_n als kleinster Verbindungsraum von Z^* und $\overline{Z}^*$ fungiert. Dies steht aber im Widerspruch zur Tatsache, daß Z^* und $\overline{Z}^*$ nach Konstruktion Unterräume von O sind, wobei O nach Voraussetzung (1 B) echter Unterraum des R_n ist. Damit ist aber gezeigt, daß Z^* und $\overline{Z}^*$ punktfremd sein müssen.

Beweis zu b)

Auch diesen Beweis führen wir indirekt. Angenommen, es wäre

$$\dim \Pi_\nu - \dim Z_\mu \leqq 0,$$

so folgt daraus für den Schnittraum $(\Pi_\mu \Pi_\nu)$ wegen $\dim \Pi_\mu = n - 1 - \dim Z_\mu$ die Beziehung

$\dim (\Pi_\mu \Pi_\nu) = \dim \Pi_\mu + \dim \Pi_\nu - n = n - 1 - n + \dim \Pi_\nu - \dim Z_\mu \leqq -1$; Π_μ und Π_ν wären also punktfremd. Setzen wir $(\Pi_\mu \Pi_\nu) = \Pi^*$, so stünde das Ergebnis $\dim (\Pi_\mu \Pi_\nu) < -1$ im Widerspruch zu Formel (3), die besagt, daß auch für $\lambda = 2$

$$\dim \Pi^* = \dim (\Pi_\mu \Pi_\nu) \geqq 1$$

gelten muß. Damit ist aber b) bewiesen.

Satz 3: Ist $k = 2$, d. h. besteht die Menge $\{\mathfrak{P}\}$ aus den beiden P-Projektionen $\mathfrak{P}_1$, $\mathfrak{P}_2$, die der Voraussetzung (1) genügen, so liefert die P-Projektion aus $Z^* = [Z_1 Z_2]$ auf $\Pi^* = (\Pi_1 \Pi_2)$ für jeden R_n-Punkt P ($P \notin [Z_1 Z_2]$) denselben Bildpunkt wie die aus zwei Projektionen gebildete Kette, die dadurch entsteht, daß man P zuerst aus Z_1 nach P^1 in Π_1 und dann P^1 innerhalb Π_1 aus dem Schnittraum $O_1 = (\Pi_1 [Z_1 Z_2])$ nach Π^* projiziert.

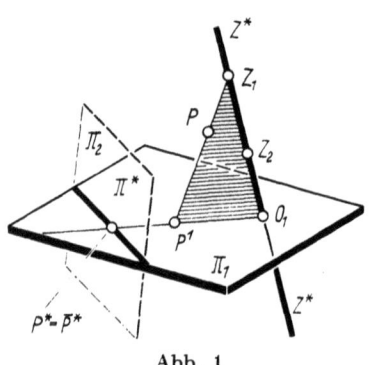

Abb. 1

D. h. wenn P einerseits durch die P-Projektion

$$P \xrightarrow{[Z_1 Z_2]} P^* \in \Pi^* = (\Pi_1 \Pi_2)$$

und andererseits durch die Projektionenkette

$$P \xrightarrow{Z_1} P^1 \in \Pi_1$$

$$P^1 \xrightarrow{([Z_1 Z_2] \Pi_1)} \overline{P}^* \in \Pi^* = (\Pi_1 \Pi_2) \tag{4}$$

abgebildet wird, so gilt $P^* = \overline{P}^*$.

Die Abbildung 1 zeigt eine solche Anordnung im R_3, wobei $\mathfrak{P}_1$, $\mathfrak{P}_2$ Zentralrisse auf die Ebenen Π_1, Π_2 sind.

Beweis:

a) Daß $Z^* = [Z_1 Z_2]$ und $\Pi^* = (\Pi_1 \Pi_2)$ als echte Unterräume des R_n existieren und eine nichttriviale P-Projektion bestimmen, sagt Satz 1 aus.

b) Aus Satz 2b folgt, daß $O_1 = ([Z_1 Z_2] \Pi_1)$ echter Unterraum von Π_1 ist. Da einerseits $\dim Z_2 < \dim \Pi_1$ ist und andererseits wegen

(1 A) Z_1 und Z_2 punktfremd sind, kann $O_1 = ([Z_1Z_2]\,\Pi_1)$ als Projektion von Z_2 aus Z_1 auf Π_1 aufgefaßt werden. Daraus folgt übrigens

$$\dim O_1 = \dim Z_2 = n - r_2. \tag{5}$$

Durch a) und b) ist die Existenz aller beteiligten Zentren und Bildräume gesichert.

c) Nun ist zu zeigen, daß $\Pi^* = (\Pi_1\Pi_2)$ und O_1 innerhalb Π_1 eine P-Projektion bestimmen, daß sie also punktfremd sind und die Bedingung (0) erfüllen, d. h. in diesem Falle

$$\dim O_1 + \dim \Pi^* = \dim \Pi_1 - 1.$$

Nach Satz 1 müssen Z^* und Π^* punktfremd sein. Also gilt dies auch für Π^* und den Unterraum O_1 von Z^*.

Aus $\dim O_1 = n - r_2$ (vgl. (5)) und $\dim \Pi^* = r_1 + r_2 - n - 2$ (vgl. (2)) folgt

$$\dim O_1 + \dim \Pi^* = r_1 - 2 = \dim \Pi_1 - 1.$$

d) Nun betrachten wir die Projektionenkette (4).

P^1 liegt im Verbindungsraum $[Z_1P]$. $\bar{P}^*$ liegt in $[O_1P^1]$, also auch in $[Z_1O_1P^1]$. $O_1 \in \Pi_1$ ist punktfremd zu Z_1, Z_2 ist punktfremd zu Z_1 und es ist weiters $\dim O_1 = \dim Z_2$; also muß $[Z_1O_1] = [Z_1Z_2]$ sein. Daraus folgt

$$[Z_1O_1P^1] = [Z_1Z_2P^1].$$

Wegen $P \notin [Z_1Z_2]$ ist P punktfremd zu Z_1, wegen $P^1 \in \Pi_1$ ist P^1 punktfremd zu Z_1. Da nun P^1 in $[Z_1P]$ liegen muß, ist offenbar $[Z_1P^1] = [Z_1P]$, also $[Z_1O_1P^1] = [Z_1Z_2P^1] = [Z_1Z_2P]$. Dies bedeutet, daß $\bar{P}^*$ in $[Z_1Z_2P]$ liegt, oder daß man $\bar{P}^*$ auch erhält, wenn man $[Z_1Z_2P] = [Z^*P]$ mit Π^* schneidet. Dies ist aber nichts anderes als die P-Projektion P^* von P aus Z^* auf Π^*, w. z. b. w.

Satz 4: Ist im R_n eine Menge $\{\mathfrak{P}\}$ von k P-Projektionen $\mathfrak{P}_i$ gegeben, für die (1) gilt, so ist auch in diesem Falle für jedes λ die P Projektion

$$P \xrightarrow{Z^*} P^* \in \Pi^* \text{ mit } Z^* = [Z_1Z_2 \ldots Z_\lambda],\ \Pi^* = (\Pi_1\Pi_2 \ldots \Pi_\lambda)$$

hinsichtlich des Bildes von P gleichwertig mit der Kette

$$P \xrightarrow{Z_1} P^1 \in \Pi_1$$

$$P^1 \xrightarrow{([Z_1 Z_2] \Pi_1)} P^2 \in (\Pi_1 \Pi_2)$$

$$P^2 \xrightarrow{([Z_1 Z_2 Z_3](\Pi_1 \Pi_2))} P^3 \in (\Pi_1 \Pi_2 \Pi_3)$$

. . . .

$$P^{\lambda-1} \xrightarrow{([Z_1 Z_2 \ldots Z_\lambda](\Pi_1 \Pi_2 \ldots \Pi_{\lambda-1}))} P^\lambda \in (\Pi_1 \Pi_2 \ldots \Pi_\lambda)$$

d. h. es ist $P^\lambda = P^*$. Von P werde dabei $P \not\in O$ vorausgesetzt.

Für $k = \lambda = 2$ wurde dieser Sachverhalt im Satz 3 gezeigt. Er gilt aber auch für beliebiges k, wenn $\lambda = 2$ ist; denn wenn $\{\mathfrak{P}\}$ die Voraussetzung (1) erfüllt, so können zwei beliebige Projektionen aus $\{\mathfrak{P}\}$ zu einem System $\{\mathfrak{P}'\}$ mit $k' = 2$ zusammengefaßt werden und $\{\mathfrak{P}'\}$ genügt dann auch der Voraussetzung (1).

Wir beweisen nun Satz 4 mittels vollständiger Induktion. Wir machen die Induktionsannahme, daß für $\lambda - 1$ Projektionen $\mathfrak{P}_i \in \{\mathfrak{P}\}$ die Projektionenkette

$$P \xrightarrow{Z_1} P^1 \in \Pi_1 \tag{6}$$

. . . .

$$P^{\lambda-2} \xrightarrow{([Z_1 Z_2 \ldots Z_{\lambda-1}](\Pi_1 \Pi_2 \ldots \Pi_{\lambda-2}))} P^{\lambda-1} \in (\Pi_1 \Pi_2 \ldots \Pi_{\lambda-1})$$

ersetzbar ist durch eine einzige P-Projektion

$$P \xrightarrow{[Z_1 Z_2 \ldots Z_{\lambda-1}]} P^{\lambda-1} \in (\Pi_1 \Pi_2 \ldots \Pi_{\lambda-1}) \tag{7}$$

und beweisen, daß diese Regel auch dann noch gilt, wenn eine weitere Projektion $\mathfrak{P}_\lambda \in \{\mathfrak{P}\}$ mit dem Zentrum Z_λ und dem Bildraum Π_λ hinzukommt.

Setzen wir in (7) $[Z_1 Z_2 \ldots Z_{\lambda-1}] = \bar{Z}$ und $(\Pi_1 \Pi_2 \ldots \Pi_{\lambda-1}) = \bar{\Pi}$, so gehören die Projektionen $\bar{\mathfrak{P}}, \mathfrak{P}_\lambda$ zwar nicht mehr beide der Menge $\{\mathfrak{P}\}$ an, aber es gilt auch für sie Satz 3. Es ist dazu nur zu zeigen, daß die Menge $\{\mathfrak{P}_\lambda, \bar{\mathfrak{P}}\}$ der Voraussetzung (1) genügt. Da $\bar{\mathfrak{P}}$ mittels Projektionen aus $\{\mathfrak{P}\}$ erzeugt wurde, folgt aus der Gültigkeit von (1) in $\{\mathfrak{P}\}$ sofort die Gültigkeit von (1 B), (1 C) und (1 D) in $\{\mathfrak{P}_\lambda, \bar{\mathfrak{P}}\}$. Wegen Satz 2a gilt aber auch (1 A) in $\{\mathfrak{P}_\lambda, \bar{\mathfrak{P}}\}$.

Da also in $\{\mathfrak{P}_\lambda, \bar{\mathfrak{P}}\}$ der Satz 3 gilt, liefert

$$P \xrightarrow{\bar{Z}} P^{\lambda-1} \in \bar{\Pi}, \quad P^{\lambda-1} \xrightarrow{([\bar{Z} Z_\lambda] \bar{\Pi})} P^\lambda \in (\bar{\Pi} \Pi_\lambda) \tag{8}$$

denselben Bildpunkt P^λ von P wie die Projektion

$$P \xrightarrow{[\overline{Z} Z_\lambda]} P^\lambda \in (\overline{\Pi} \Pi_\lambda). \tag{9}$$

Löst man nun wieder $\overline{Z}$ und $\overline{\Pi}$ auf, so sagt der rechte Teil von (8) aus, daß

$$P^{\lambda-1} \xrightarrow{([Z_1 Z_2 \ldots Z_\lambda] (\Pi_1 \Pi_2 \ldots \Pi_{\lambda-1}))} P^\lambda \in (\Pi_1 \Pi_2 \ldots \Pi_\lambda) \tag{10}$$

eine P-Projektion innerhalb $(\Pi_1 \Pi_2 \ldots \Pi_{\lambda-1})$ ist. Bedenkt man weiters daß $P^{\lambda-1}$ durch die Kette (6) gewonnen wurde, so folgt aus (8) und (9) die Gleichwertigkeit von

$$P \xrightarrow{Z_1} P^1 \in \Pi_1$$

. . . .

$$P^{\lambda-1} \xrightarrow{([Z_1 Z_2 \ldots Z_\lambda] (\Pi_1 \Pi_2 \ldots \Pi_{\lambda-1}))} P^\lambda \in (\Pi_1 \Pi_2 \ldots \Pi_\lambda)$$

und $P \xrightarrow{[Z_1 Z_2 \ldots Z_\lambda]} P^\lambda \in (\Pi_1 \Pi_2 \ldots \Pi_\lambda)$ d. h. es ist wegen $[Z_1 \ldots Z_\lambda] = Z^*$ und $(\Pi_1 \ldots \Pi_\lambda) = \Pi^*$ wirklich $P^\lambda = P^*$. Damit ist Satz 4 für beliebige λ $(1 \leq \lambda \leq k)$ bewiesen.

Künftig bezeichnen wir die k P-Projektionen der Menge $\{\mathfrak{P}\}$ als *Grundprojektionen*, ihre Zentren als *Grundzentren* und ihre Bildräume als *Grundbildräume*. Projektionen $\mathfrak{P}^*$, die mit Hilfe von λ Grundprojektionen erzeugt werden, nennen wir künftig *primäre Projektionen λ. Stufe*. Die Menge aller primären Projektionen, die durch $\mathfrak{P}_i \in \{\mathfrak{P}\}$ erzeugt werden können, heiße $\{\mathfrak{P}^*\}$, die dazugehörige Zentrenmenge $\{Z^*\}$ und die Bildraummenge $\{\Pi^*\}$. $\{\mathfrak{P}^*\}$ ist Obermenge von $\{\mathfrak{P}\}$, da die Grundprojektionen als primäre Projektionen 1. Stufe anzusehen sind. Da es $\binom{k}{\lambda}$ primäre Projektionen λ. Stufe gibt, befinden sich $\binom{k}{1} + \binom{k}{2} + \ldots + \binom{k}{k} = 2^k - 1$ Projektionen in $\{\mathfrak{P}^*\}$. Alle primären Projektionen sind P-Projektionen des Gesamt-R_n. Projektionen von der Bauart (10), die innerhalb der Bildräume der Menge $\{\Pi^*\}$ definiert sind, mögen *sekundäre Projektionen* heißen. Die Gesamtheit aller durch $\{\mathfrak{P}\}$ definierten primären und sekundären Projektionen nennen wir ein *Bildersystem*. Da wir aber bei diesem Bildersystem in erster Linie an die P-Projektionen des Gesamt-R_n denken, wählen wir $\{\mathfrak{P}^*\}$ nicht nur als Symbol für die Menge der primären Projektionen, sondern auch für das ganze Bildersystem.

Satz 4 läßt sich nun kurz so ausdrücken, *daß eine primäre Projektion einer geeigneten Kette von sekundären Projektionen mit einer Grundprojektion als Anfangsglied gleichwertig ist.*

Satz 4 gilt sicherlich auch dann, wenn man die Indizes der beteiligten Grundprojektionen $\mathfrak{P}_1$, $\mathfrak{P}_2$ ... $\mathfrak{P}_\lambda$ permutiert und man erkennt, daß es λ! verschiedene Ketten gibt, durch die man $\mathfrak{P}^*$ ersetzen kann. Ist nun $\overline{\Pi^*} \in \{\Pi^*\}$ ein Oberbildraum von Π^*, so treten im Verlauf der Permutationen alle in $\overline{\Pi^*}$ möglichen sekundären Projektionen in Aktion. Bedenkt man andererseits, daß laut Konstruktion von Z^* und Π^* bei Wahl von $\Pi^* \in \{\Pi^*\}$ das zugehörige Z^* eindeutig mitbestimmt ist, so kommt man zum

Satz 5: Bildet man ein Objekt des R_n unter ausschließlicher Verwendung der vorhin erklärten primären und sekundären Projektionen ab, so ist durch die bloße Wahl eines Bildraumes $\Pi^* \in \{\Pi^*\}$ das Bild des Objektes in Π^* eindeutig festgelegt, gleichgültig ob man unmittelbar oder mittelbar (über eine beliebige geeignete Kette) das Objekt auf Π^* projiziert.

Satz 5 wird sich später als sehr wertvoll erweisen, da er die Möglichkeit verschafft, je nach Bedarf primäre oder sekundäre Projektionen zu verwenden, ohne daß die Eindeutigkeit des Bildes verloren geht.

2. 2 Betrachtungen über die Umkehrung des Abbildungsvorganges

In 2. 1. wurde stets ein Punkt P (i. a. $P \not\in O$) des R_n vorgegeben und auf Bildräume $\Pi^* \in \{\Pi^*\}$ projiziert. Die Umkehraufgabe, aus gegebenen Bildpunkten in den Bildräumen Π^* das Urbild P im R_n zu bestimmen — wobei natürlich vorausgesetzt werden muß, daß die Lage der Bildräume und Zentren fix und bekannt ist —, kann zu vielerlei Problemstellungen führen. Man kann nämlich gewisse $\mathfrak{P}^* \in \{\mathfrak{P}^*\}$ herausgreifen und zu Untersystemen zusammenfassen und dann fragen, wieviel Bilder und welche Bilder von P in diesen Untersystemen frei wählbar sind oder welche Abhängigkeiten unter ihnen bestehen. *Wir beschränken uns hier darauf, für beliebige λ jene Untersysteme zu betrachten, die von der Gesamtheit der $\binom{k}{\lambda}$ primären Projektionen λ. Stufe gebildet werden.*

Wir nehmen die Kombinationen λ. Klasse der Indizes $i = 1, 2, \ldots k$ geordnet an, z. B. arithmographisch. $j(i)$ bedeutet dann die j. Kombination in dieser Anordnung. Sind $\mathfrak{P}_i$ die zu $j(i)$ gehörigen Grundprojektionen, so definieren sie eine primäre Projektion $\mathfrak{P}_j{}^*$ mit dem Zentrum $Z_j{}^*$ und dem Bildraum $\Pi_j{}^*$. Nach (2) gilt dann

$$\dim Z_j{}^* = \lambda n + \lambda - 1 - \sum_{i \in j(i)} r_i \quad \text{und} \quad \dim \Pi_j{}^* = n - n\lambda - \lambda + \sum_{i \in j(i)} r_i \quad (11\,\text{a})$$

sowie speziell für $O = [Z_1 Z_2 \ldots Z_k]$ und dem O zugeordneten Bildraum $X = (\Pi_1 \Pi_2 \ldots \Pi_k)$

$$\dim O = kn + k - 1 - \sum_{i=1}^{k} r_i \leq n - 2 \quad \text{und} \quad \dim X = n - nk - k + \sum_{i=1}^{k} r_i. \tag{11\,b}$$

Nun möge j die Werte $1, 2, \ldots \binom{k}{\lambda}$ durchlaufen, d. h. die Punkte P des R_n ($P \notin O$) sollen gleichzeitig durch alle primären Projektionen $\mathfrak{P}_j{}^*$ abgebildet werden. P hat dann $\binom{k}{\lambda}$ Bildpunkte P^j, wobei P^j Schnittpunkt des *projizierenden Raumes* $p_j = [Z_j{}^*P]$ mit $\Pi_j{}^*$ ist.

Bedenkt man, daß ein Zentrum Z^*_j als Verbindungsraum von λ Grundzentren gewonnen wurde, so folgt daraus, daß der Verbindungsraum aller Z^*_j mit dem Verbindungsraum aller Z_i, d. h. mit O zusammenfallen muß. *Die p_j haben daher $[OP]$ als Verbindungsraum und es ist $[OP]$ wegen (11b) echter Unterraum des R_n.* Da nun einerseits die Bilder P^j von P in den Bildräumen Π^*_j, andererseits aber in $[OP]$ liegen müssen, befinden sie sich in den Schnitträumen $o_j = (\Pi^*_j [OP])$ $(j = 1, 2, \ldots \binom{k}{\lambda})$. o_j möge *Hauptordner* in Π^*_j heißen.

Da X echter Unterraum aller übrigen Bildräume aus $\{\Pi^*\}$ ist, ist $([OP]\,X)$ echter Unterraum von $o_j = ([OP]\,\Pi^*_j)$. Nun bestimmen aber O und X eine primäre Projektion k. Stufe, also kann X von $[OP]$ nur in einem Punkt P_x geschnitten werden. Dies bedeutet, daß die durch die Wahl von P festgelegten Hauptordner o_j ($j = 1, 2, \ldots \binom{k}{\lambda}$) sich alle in einem Punkt P_x von X schneiden müssen.

Vorausgesetzt, daß der Schnittraum $O_j = (O\,\Pi^*_j)$ überhaupt existiert, muß er in allen Hauptordnern von Π^*_j liegen. Für $\lambda = k$ kann O_j nicht existieren, da X als Π^* aufgefaßt mit O eine P-Projektion bestimmt, also zu O punktfremd sein muß. Wohl aber existiert O_j für alle $\lambda < k$. Würde man nämlich $\dim (O\,\Pi_j{}^*) < 0$ annehmen, so wäre $\dim [O\Pi_j{}^*] = \dim O + \dim \Pi_j{}^* + 1 \leq n$, also

$$\dim O + \dim \Pi_j{}^* \leq n - 1$$

im Widerspruch zur Tatsache, daß $\Pi_j{}^*$ echter Oberraum von X ist und daher dim O + dim $\Pi_j{}^*$ > dim O + dim $X = n - 1$ gelten muß.

Aus dim $[OP]$ = dim $O + 1$ folgt dann als weitere Beziehung

$$\dim o_j = \dim O_j + 1.$$

Diese sagt aus, daß der Hauptordner o_j festgelegt ist, sobald man in $\Pi_j{}^*$ den Bildpunkt P^j ($P^j \not\subset O^j$) oder auch den Schnittpunkt $P_x =$ = ($[OP] X$) kennt. Im einen Fall ist $o_j = [O_j P^j]$, im anderen $o_j =$ = $[O_j P_x]$. Dabei liegt P_x sicherlich nicht in O_j, da wegen der Punktfremdheit von O und X auch O_j und X punktfremd sein müssen.

Diese Ergebnisse fassen wir zusammen in

Satz 6: *Betrachtet man das von den primären Projektionen λ. Stufe gebildete Untersystem von $\{\mathfrak{P}^*\}$, so sind die Bildpunkte P^j ($j = 1, 2, 3, \ldots \binom{k}{\lambda}$) eines R_n-Punktes P ($P \not\subset O$) innerhalb der Bildräume $\Pi_j{}^*$ an sogenannte Hauptordner $o_j = ([OP] \Pi_j{}^*)$ gebunden. Die o_j schneiden sich in einem von P abhängigen Punkt P_x von $X = (\Pi_1 \Pi_2 \ldots \Pi_k)$. Ist $\lambda < k$, so enthalten alle in $\Pi_j{}^*$ liegenden Hauptordner den Raum $O_j = (O \Pi_j{}^*)$.*

und

Satz 7: *Wählt man in einem Bildraum $\Pi_j{}^*$ des Untersystems der primären Projektionen λ. Stufe beliebig den Bildpunkt P^j ($P^j \not\subset O_j$), so sind dadurch die Hauptordner für die übrigen $\binom{k}{\lambda} - 1$ Bildpunkte P^l in diesem Untersystem festgelegt und man kann diese Hauptordner unter ausschließlicher Verwendung von Operationen innerhalb der Bildräume finden.* $[P^j O_j]$ *ist nämlich Hauptorder in $\Pi_j{}^*$, er schneidet X in einem Punkt P_x und es ist dann $[O_l P_x]$ Hauptordner in $\Pi_l{}^*$.*

Wir wählen nun ein beliebiges $\binom{k}{\lambda}$-tupel einander entsprechender Hauptordner aus, d. h. wir greifen aus jedem der $\binom{k}{\lambda}$ Bildräume $\Pi_j{}^*$ einen Hauptordner o_j derart heraus, daß alle diese o_j einen Punkt P_x von X gemein haben. Wir wählen nun weiters innerhalb eines jeden o_j einen beliebigen Punkt P^j ($P^j \not\subset O_j$) aus und fragen, ob diese $\binom{k}{\lambda}$ Punkte P^j als Bildpunkte eines R_n-Punktes P aufgefaßt werden können. Sollte dies der Fall sein, so müßten sich die $\binom{k}{\lambda}$ Räume $p_j = [Z_j{}^* P^j]$ genau in einem Punkt P schneiden, wobei zu beachten ist, daß als kleinster gemeinsamer Oberraum dieser p_j nicht der R_n, sondern $[OP_x]$ mit dim $[OP_x]$ = dim $O + 1$ fungiert. Ausschlaggebend ist also

$$\dim (p_1 p_2 \ldots p_{\binom{k}{\lambda}}) = \left[\sum_{j=1}^{\binom{k}{\lambda}} (\dim Z_j^* + 1)\right] - [\binom{k}{\lambda} - 1] (\dim O + 1). \quad (12)$$

Wegen (11 a) gilt

$$\sum_{j=1}^{\binom{k}{\lambda}} \dim Z_j^* = \binom{k}{\lambda} [\lambda n + \lambda - 1] - \sum_{j=1}^{\binom{k}{\lambda}} \sum_{i \in j(i)} r_i. \quad (13)$$

Bedenkt man, daß ein fixer Index i genau in $\binom{k-1}{\lambda}$ Kombinationen $j(i)$ nicht vorkommt, so findet man

$$\sum_{j=1}^{\binom{k}{\lambda}} \sum_{i \in j(i)} r_i = [\binom{k}{\lambda} - \binom{k-1}{\lambda}] \sum_{i=1}^{k} r_i = \binom{k-1}{\lambda-1} \sum_{i=1}^{k} r_i. \quad (14)$$

Unter Verwendung von (11b) für dim O, sowie (13) und (14) ergibt sich für (12)

$$\dim \left(p_1 p_2 \ldots p_{\binom{k}{\lambda}}\right) = \binom{k}{\lambda} + \binom{k}{\lambda} (\lambda n + \lambda - 1) - \binom{k-1}{\lambda-1} \sum_{i=1}^{k} r_i -$$
$$- [\binom{k}{\lambda} - 1] \left(kn + k - \sum_{i=1}^{k} r_i\right) = (n+1) [\binom{k}{\lambda} (\lambda - k) + k] +$$
$$+ [\binom{k-1}{\lambda} - 1] \sum_{i=1}^{k} r_i, \text{ also}$$

$$\dim \left(p_1 p_2 \ldots p_{\binom{k}{\lambda}}\right) = [1 - \binom{k-1}{\lambda}] \left[k(n+1) - \sum_{i=1}^{k} r_i\right]. \quad (15)$$

In (15) ist aber wegen der Voraussetzung $r_i \leq n$ in (1) sicherlich $k(n+1) - \Sigma r_i > 0$. Der Ausdruck $1 - \binom{k-1}{\lambda}$ und daher auch dim $\left(p_1 p_2 \ldots p_{\binom{k}{\lambda}}\right)$ wird nur für $\lambda = k - 1$ zu Null und ist für alle anderen λ negativ.

Daraus ergibt sich

Satz 8: Betrachtet man die von den primären Projektionen λ. Stufe gebildeten Untersysteme von $\{\mathfrak{P}^*\}$, so gibt es im Falle $\lambda = k$ nur eine einzige P-Projektion. Ihr Bildraum ist $X = (\Pi_1 \Pi_2 \ldots \Pi_k)$ und ein R_n-Punkt P ist durch sein Bild in X noch nicht bestimmt. Im Falle $\lambda = k - 1$ darf man innerhalb eines $\binom{k}{\lambda}$-tupels entsprechender Hauptordner o_j ($o_j \in \Pi_j^*$) Punkte P^j ($P^j \in o_j$, $P^j \notin O_j$) beliebig annehmen und es ist ihnen dann eindeutig ein Punkt P des R_n zugeordnet, als desssen Bilder sie aufgefaßt *werden können. Ist $\lambda < k-1$, so gibt es im allgemeinen keinen R_n-Punkt P, als dessen Bilder die P^j auftreten*

oder mit anderen Worten

Satz 9: Das übersichtlichste Untersystem von $\{\mathfrak{P}^*\}$, das von primären Projektionen λ. Stufe gebildet wird, erhält man für $\lambda = k-1$. In diesem System sind alle $\binom{k}{\lambda} = k$ Bilder eines R_n-Punktes als wesentlich anzusehen, da kein Bildpunkt aus den anderen bestimmbar ist, während für $\lambda < k-1$ überzählige Bilder vorkommen.

Im Falle $\lambda < k-1$ reicht die Bindung der Bildpunkte durch Hauptordner nicht aus; es kommen weitere Bindungen in Form von sogenannten *Nebenordnern* hinzu und es spielen auch die für Zweibildersysteme in [8] gefundenen Ergebnisse eine wesentliche Rolle. Wir wollen hier nicht näher darauf eingehen, sondern nur an einem Beispiel eine solche Bindung durch Nebenordner betrachten.

Beispiel. Es sei ein euklidischer R_5 gegeben, der von den Achsen x_1, $x_2, \ldots x_5$ eines orthogonalen kartesischen Koordinatensystems aufgespannt werde. Wir verwenden die $k = 4$ Normalprojektionen auf die Koordinatenhyperebenen $[x_1x_3x_4x_5]$ (Gleichung $x_2 = 0$), $[x_1x_2x_4x_5]$ mit $x_3 = 0$, $[x_1x_2x_3x_5]$ mit $x_4 = 0$ und $[x_1x_2x_3x_4]$ mit $x_5 = 0$. Man kann sich leicht überzeugen, daß sie die Voraussetzung (1) erfüllen und daher als Grundprojektionen geeignet sind. Grundzentren sind die Fernpunkte der Achsen x_2, x_3, x_4 und x_5. Ihr Verbindungsraum O ist der dreidimensionale Fernraum der Hyperebene $[x_2x_3x_4x_5]$. Schnittraum aller Bildräume ist die x_1-Achse.

Für $\lambda = 2$ erhält man $\binom{4}{2} = 6$ primäre Projektionen 2. Stufe auf die dreidimensionalen Bildräume $\Pi_1^* = [x_1x_2x_3]$, $\Pi_2^* = [x_1x_2x_4]$, $\Pi_3^* = [x_1x_2x_5]$, $\Pi_4^* = [x_1x_3x_4]$, $\Pi_5^* = [x_1x_3x_5]$ und $\Pi_6^* = [x_1x_4x_5]$. Jeder Bildraum Π_j^* wird von O nach einer Geraden O_j geschnitten und die Hauptordner in Π_j^* sind daher Ebenen. Je 6 zusammengehörige Hauptordnerebenen schneiden sich in einem Punkt P_x von X. Man erkennt nun sofort, daß zwei solche Bildräume Π_j^*, die nur X gemein haben, wie z. B. Π_1^* und Π_6^* zur umkehrbar eindeutigen Abbildung der R_5-Punkte P ($P \notin O$) genügen und daher alle anderen Bilder mitbestimmen müssen. Wählt man in Π_1^* den Bildpunkt P^1 (x_1^0, x_2^0, x_3^0, 0, 0) willkürlich, so kann P^6 in Π_6^* innerhalb der Hauptordnerebene $x_1 = x_1^0$ beliebig angenommen werden. Will man aber statt P^6 den Bildpunkt P^2 in $\Pi_2^* = [x_1 x_2 x_4]$ annehmen, so kann er nur mehr innerhalb der Geraden $x_1 = x_1^0$, $x_2 = x_2^0$ liegen.

Angenommen, P^1 und P^6 sind schon in geordneter Lage vorgegeben, so ist P^2 dadurch bestimmt und wird innerhalb der Hauptordnerebene $x_1 = x_1^0$ von Π_2^* als Schnitt der beiden Geraden (= Nebenordner) $x_1 = x_1^0$, $x_2 = x_2^0$ und $x_1 = x_1^0$, $x_4 = x_4^0$ gefunden.

3. Konstruktiv brauchbare Bildersysteme

Für die konstruktive Verwertbarkeit eines Bildersystems ist es notwendig, letzten Endes alles auf ein System von ein- oder zweidimensionalen Bildräumen zurückführen zu können, die man dann noch mit einer Zeichenebene vereinigen muß.

Wir betrachten nur Bildersysteme $\{\mathfrak{P}^*\}$, wie sie in 2. behandelt wurden, und fragen nach Art und Anzahl der vorzugebenden Grundprojektionen, wenn konstruktive Verwertbarkeit des Systems gefordert wird.

Der zur primären Projektion k. Stufe gehörige Bildraum X hat unter allen Bildräumen aus Π^* die niedrigste Dimension und es muß für ihn wegen (3) dim $X \geq 1$ gelten; die Bildräume Π_l^* der primären Projektionen $(k-1)$. Stufe müssen echte Oberräume von X sein. Es bleibt also nur die Möglichkeit offen, X als Gerade und die Π_l^* als Ebenen zu wählen. Da eine solche Bildebene Π_l^* als Schnitt von $k-1$ Grundbildräumen Π_i definiert ist, alle k Grundbildräume sich aber in X schneiden, muß der hinzukommene Grundbildraum die Dimension $n-1$ haben. Daraus folgt, daß sämtliche Grundzentren Punkte und alle Grundbildräume Hyperebenen sind. Da die Gerade X Schnitt von k Hyperebenen ist, muß $k = n-1$ sein. Berücksichtigt man außerdem (1 A), so kommt man zu

Satz 10: Konstruktiv brauchbare Bildersysteme $\{\mathfrak{P}^*\}$ erhält man, wenn man als Grundprojektionen $n-1$ P-Projektionen aus punktförmigen Zentren auf Hyperebenen verwendet. Die Grundzentren sind Eckpunkte eines $(n-2)$-dimensionalen Simplex, jede Seite (= Verbindungsraum beliebig vieler Eckpunkte) des Simplex ist Zentrum einer primären Projektion.

Künftig bezeichnen wir die soeben besprochenen, konstruktiv brauchbaren Bildersysteme als *K-Systeme*, ihre Bildebenen Π_l^* als *Rißebenen* π_i ($i = 1, 2, \ldots n-1$), die ihnen zugeordneten ($n-3$)-dimensionalen Zentren mit z_i und X als *Grundschnitt*[4]. Sowohl das Bild in einer Rißebene als auch der zugehörige Abbildungsvorgang heiße *Riß*. Die in einer Rißebene π_i auftretenden 1-dimensionalen Hauptordner o_i nennen wir *Kernstrahlen*, ihren Trägerpunkt O_i in π_i *Kernpunkt*, ferner jedes ($n-1$)-tupel einander entsprechender Kernstrahlen o_i ($o_i \in \pi_i$, ($o_i o_j$) = P_x, $P_x \in X$; $i, j = 1, 2, \ldots n-1$) einen *Kernstrahlenklub*. Bildpunkte P^i ($P^i \in o_i$, $P^i \notin O_i$) sollen *geordnet* heißen, wenn die o_i einem Klub angehören.

3. 1. Situation in den Bildräumen $\Pi^* \in \{\Pi^*\}$ eines K-Systems

Es sei σ eine natürliche Zahl $3 \leq \sigma \leq n-1$, dann schneiden sich $n - \sigma$ Grundbildräume in einem σ-dimensionalen Bildraum $\Pi^* \in \{\Pi^*\}$. Das zu Π^* gehörige Zentrum $Z^* \in \{Z^*\}$ ist als Verbindungsraum von $n - \sigma$ punktförmigen Grundzentren ein $R_{n-\sigma-1}$. $\sigma - 1$ Grundprojektionen wurden nicht zur Erzeugung von Z^*, Π^* verwendet; wir fassen sie in einer Menge $\{\mathfrak{P}\}$ zusammen. Die Bildräume dieser Projektionen schneiden Π^* in $\sigma - 1$ Bildräumen von der Dimension $\sigma - 1$. Angenommen, man greift $\mathfrak{P}_\mu \in \{\mathfrak{P}\}$ heraus und es ist $\Pi_\mu^* = (\Pi^* \Pi_\mu)$, so ist nach Satz 3 $O_\mu = (\Pi^* [Z^* Z_\mu])$ Zentrum der sekundären Projektion auf Π_μ^* innerhalb Π^*. Da $[Z^* Z_\mu]$ ein $R_{n-\sigma}$ ist, ist O_μ ein Punkt. Dasselbe gilt auch für alle übrigen Projektionen aus $\{\mathfrak{P}\}$. In Π^* erhält man so $\sigma - 1$ sekundäre Projektionen aus punktförmigen Zentren auf ($\sigma - 1$)-dimensionale Bildräume. Wählt man Π^* als Oberraum, so erfüllen diese sekundären Projektionen auch die Voraussetzung (1), d. h. sie bilden innerhalb Π^* ein K-System. Die Rißebenen dieses K-Systems sind aber wie überhaupt alle Bildräume durch die Grundbildräume des Ausgangssystems definiert, also gilt *Satz 11: Ein K-System* $\{\mathfrak{P}^*\}$ *im* R_n *induziert in jedem seiner Bildräume* $\Pi^* = R_\sigma$ ($\sigma \geq 3$) *ein K-System. Die* $\sigma - 1$ *Rißebenen des K-Systems in* Π^* *bilden eine Teilmenge der* $n - 1$ *Rißebenen des Systems* $\{\mathfrak{P}^*\}$. und speziell

---

[4] Vgl. [6], S. 126.

Zur Theorie der konstruktiv brauchbaren linearen Bildersysteme im R_n 269

Satz 11a: Innerhalb eines jeden dreidimensionalen Bildraumes $\Pi^* \in \{\Pi^*\}$ in einem K-System gibt es genau zwei sekundäre Risse. Sie bilden ein Zweibildersystem, wie es E. Müller und E. Kruppa in [6] (S. 125) behandelt haben.

Abschließend soll hier nochmals darauf hingewiesen werden, daß unter den vorliegenden Voraussetzungen (1) nie ein Kernpunkt in den Grundschnitt fallen kann.

3. 2. K-Systeme mit speziell liegenden Grundzentren

Eine spezielle Lage der Grundzentren zueinander ist durch (1 A) ausgeschlossen (siehe auch Satz 10), es wurde in (1) aber nicht verlangt, daß Z_i für $i \neq l$ zu Π_l allgemein liegen soll. Von dieser Freiheit machen wir nun Gebrauch und überlegen, wieviel Grundzentren in einem beliebigen Bildraum der Menge $\{\Pi^*\}$ liegen dürfen. Es sei also eine primäre Projektion $\mathfrak{P}^* \in \{\mathfrak{P}^*\}$ mit dim $Z^* = n - r$ und dim $\Pi^* = r - 1$ vorgegeben. Z^* wird von $n - r + 1$ punktförmigen Grundzentren aufgespannt. Wegen der Punktfremdheit von Z^* und Π^* dürfen diese $n - r + 1$ Grundzentren nicht in Π^* liegen. Von den insgesamt $n - 1$ Grundzentren bleiben somit $r - 2$ Grundzentren übrig, die in Π^* liegen könnten. Wir zeigen nun an dem folgenden wichtigen Sonderfall, daß es Systeme gibt, bei denen sogar in jedem Bildraum diese Maximalanzahl von Grundzentren liegt.

Simplexbildersystem. Unter dieser Bezeichnung werde ein besonderes Bildersystem verstanden, zu dem wir auf folgende Weise gelangen:

Es sei im R_n ein Simplex mit den Eckpunkten $X_1, X_2, Z_1, Z_2, \ldots$
$\ldots Z_{n-1}$ vorgegeben. Wir wählen die Z_i ($i = 1, 2, \ldots n - 1$) als Grundzentren und die Gerade $X = [X_1 X_2]$ als Grundschnitt. Dem Grundzentrum Z_i sei als Bildraum Π_i der Verbindungs-R_{n-1} von X mit den übrigen $n - 2$ Grundzentren $Z_1, Z_2, \ldots Z_{i-1}, Z_{i+1}, \ldots Z_{n-1}$ zugeordnet. Man erhält so $n - 1$ Grundprojektionen, die sicherlich die Voraussetzungen (1 A), (1 B) und (1 C) erfüllen. Es ist zu prüfen, ob auch (1 D) erfüllt ist. Konstruiert man in gewohnter Weise eine primäre Projektion $\mathfrak{P}^*$, so ist die Punktfremdheit von Z^* und Π^* nachzuweisen. Ohne Einschränkung der Allgemeinheit können wir annehmen, daß gerade die ersten $n - r + 1$ Grundprojektionen $\mathfrak{P}_i$ zur Bildung von

$\mathfrak{P}^*$ herangezogen werden. Dann gehört zum Zentrum Z_1 der Bildraum $\Pi_1 = [XZ_2Z_3 \ldots Z_{n-1}]$, zu Z_2 der Bildraum $\Pi_2 = [XZ_1Z_3 \ldots Z_{n-1}]$, ... und schließlich zu Z_{n-r+1} der Bildraum $\Pi_{n-r+1} = [XZ_1 \ldots Z_{n-r} Z_{n-r+2} \ldots Z_{n-1}]$. Zu $Z^* = [Z_1Z_2 \ldots Z_{n-r+1}]$ mit dim $Z^* = n-r$ gehört als Schnittraum Π^* der zugehörigen Bildräume der $(r-1)$-dimensionale Verbindungsraum $\Pi^* = [XZ_{n-r+2}Z_{n-r+3} \ldots Z_{n-1}]$. Bedenkt man, daß X_1, X_2 und die Z_i Eckpunkte eines Simplex sind, so erkennt man in dieser Darstellung von Z^* und Π^* sofort, daß sie punktfremd sind und somit (1 D) erfüllen. Weiters sieht man aber auch, daß jeder Bildraum Π^* die Maximalanzahl von $r-2$ Grundzentren enthält.

Nun betrachten wir im Simplexbildersystem den Schnittraum O^* von O mit Π^*. Aus dim $\Pi^* = r-1$ und dim $O = n-2$ folgt dim $O^* = r-3$, d. h. O^* wird genau von den $r-2$ in Π^* liegenden Grundzentren aufgespannt. Wir kommen so zu

Satz 12: *In einem $(r-1)$-dimensionalen Bildraum Π^* eines K-Systems dürfen bis zu $r-2$ Grundzentren, die nicht Z^* angehören, liegen. Im Falle des Simplexbildersystems enthält jeder Bildraum der Menge $\{\Pi^*\}$ diese Maximalanzahl von Grundzentren und sie spannen in ihm den Trägerraum O^* der Hauptordner auf; insbesondere fällt in jeder Rißebene das in ihr liegende Grundzentrum mit dem Kernpunkt zusammen.*

4. Abbildung der Risse eines K-Systems auf eine Zeichenebene

Die konstruktive Behandlung des K-Systems erfordert eine Abbildung der Rißebenen auf eine Zeichenebene Π_0. In Anlehnung an die Behandlung des dreidimensionalen Falles bei Müller-Kruppa kann man ein *allgemeines*[5] und ein *allgemeinstes*[6] *K-System* definieren. Im allgemeinsten K-System müssen in diesem Sinne die $n-1$ Punktfelder in den Rißebenen durch kollineare Umformung in Punktfelder der Zeichenebene übergeführt werden. Im allgemeinen K-System sollen dagegen die $n-1$ Rißebenen π_i mittels einer P-Projektion $\mathfrak{P}_0$ des Gesamt-R_n auf Π_0 abgebildet werden. Bildraum von $\mathfrak{P}_0$ sei die Zeichen-

---
[5] Vgl. [6], S. 126.
[6] Vgl. [6], S. 125.

Zur Theorie der konstruktiv brauchbaren linearen Bildersysteme im R_n 271

ebene Π_0; vom $(n-3)$-dimensionalen Zentrum Z_0 fordern wir die Punktfremdheit zu jedem π_i. — Künftig befassen wir uns hauptsächlich mit dem allgemeinen K-System. Je nach Wahl von Z_0 sind dabei verschiedene Anordnungstypen der Bilder in Π_0 zu unterscheiden.

Situation in der Zeichenebene des allgemeinen K-Systems. Da eine P-Projektion eine singuläre Kollineation im R_n darstellt[7], werden

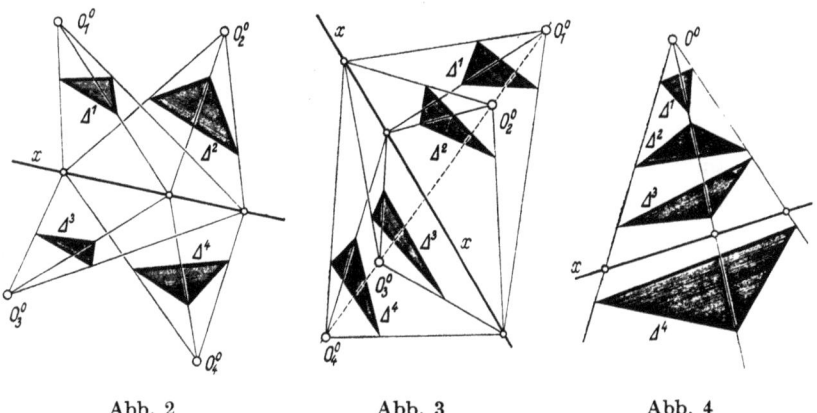

Abb. 2   Abb. 3   Abb. 4

durch $\mathfrak{P}_0$ die Punktfelder in den Rißebenen auf kollineare Punktfelder in Π_0 abgebildet; insbesondere bedeutet dies, daß Inzidenzen bei der Abbildung erhalten bleiben und Geraden sich auf Geraden abbilden. Das Bild des Grundschnitts X ist daher eine Gerade x in Π_0; wir nennen sie *Rißachse*. Die Bilder der Kernpunkte, Kernstrahlen und Kernstrahlenklubs in Π_0 nennen wir *Ordnungspunkte, Ordner* und *Ordnerklubs*[8].

4.1. Z_0 schneide O in einem R_{n-5}. Dies bedeutet allgemeine Lage von Z_0 zu O. Da Z_0 nach Voraussetzung zu allen π_i punktfremd sein soll, muß sich jede Rißebene auf die volle Zeichenebene Π_0 abbilden. Da kein Kernpunkt im Grundschnitt liegt, darf in Π_0 kein Ordnungspunkt in die Rißachse fallen. Dies ist im vorliegenden Fall die einzige Bedingung, die den Ordnungspunkten auferlegt ist. Abb. 2 zeigt die Abbildung eines im R_5 liegenden K-Systems auf Π_0. $O_1{}^0$, $O_2{}^0$, $O_3{}^0$

---

[7] Vgl. Fußnote 3.

[8] Diese sonst in der Literatur nicht übliche Unterscheidung wird gemacht, um die Situation in Π_0 von der in den π_i deutlich zu trennen.

und $O_4{}^0$ seien die Ordnungspunkte. Die Ordnerbüschel mit den Trägern $O_i{}^0$ liegen bezüglich der Rißachse x perspektiv. Je vier Ordner aus verschiedenen Büscheln, die durch einen und denselben Punkt von x gehen, bilden einen Ordnerklub. — Abb. 2 zeigt weiters die Darstellung eines im R_5 liegenden Dreiecks Δ.

4. 2. Z_0 schneide O in einem R_{n-4}. Unter dieser Voraussetzung ist $[OZ_0]$ ein R_{n-1}. Dieser schneidet Π_0 in einer Geraden O^0. O^0 ist Bild von O in Π_0. Es müssen alle Ordnungspunkte in O^0 liegen, da ja die Kernpunkte $O_i = (O\pi_i)$ Punkte von O sind. Abb. 3 zeigt die Spezialisierung von Abb. 2 auf den vorliegenden Fall. — Man sieht, daß jede beliebige Anzahl von Ordnungspunkten auf einer Geraden liegen kann, wenn man dafür sorgt, daß die zugehörigen Kernpunkte mit Z_0 in einem und demselben R_{n-1} liegen.

Für $n = 3$ fallen 4. 1. und 4. 2. zusammen.

4. 3. Z_0 liege ganz in O. Wegen $[OZ_0] = O$ bildet sich ganz O auf einen einzigen Punkt $O^0 = (O\Pi_0)$ in Π_0 ab, d. h. es fallen alle Ordnungspunkte in O^0 zusammen. Da sich die Ordner eines Klubs in einem Punkt der Rißachse x schneiden, folgt daraus, daß die Ordner eines Klubs in einer einzigen Geraden vereinigt sein müssen, d. h. es fallen die Ordnerbüschel identisch zusammen (Abb. 4). Auch hier sieht man, daß jede beliebige Anzahl von Ordnungspunkten zusammenfallen kann, wenn man dafür sorgt, daß die zugehörigen Kernpunkte mit Z_0 in einem und demselben R_{n-2} liegen.

Wesentlich ist im vorliegenden Fall, daß die Rißachse in ihrer Eigenschaft als Perspektivitätsachse der Ordnerbüschel nicht mehr gebraucht wird. Sie ist nur mehr als Bild einer Geraden im R_n, nämlich des Grundschnitts zu betrachten.

Fassen wir die Ergebnisse von 4. 1. bis 4. 3. zusammen, so gilt
Satz 13: Im Falle eines allgemeinen K-Systems können in der Zeichenebene Π_0 beliebig viele Ordnungspunkte zusammenfallen oder auf einer Geraden liegen, sie dürfen aber nie in die Rißachse fallen. Das konstruktiv günstigste allgemeine K-System erhält man, wenn Z_0 ganz in O liegt. Es fallen dann die Ordnerbüschel identisch zusammen und die Rißachse ist bei allen jenen Aufgaben entbehrlich, bei denen es nicht auf die Lage des abzubildenden Objekts zum Grundschnitt ankommt.

Die konstruktiv besonders günstigen Systeme der Bauart 4. 3. bezeichnen wir von nun an als G-*Systeme*.

5. Abbildung affiner und euklidisch metrischer Räume

Nach dem Grundsatz, jeder Geometrie ihr angepaßte Abbildungsverfahren zur Seite zu stellen, sollen nun für die Abbildung affiner und euklidisch metrischer Räume die K-Systeme affin bzw. metrisch spezialisiert werden.

5. 1. Allgemeine K-Systeme im affinen R_n

Π_0 schneidet die Fernhyperebene Ω des affinen R_n in einer Ferngeraden u_0. Die Hyperebene $\Omega_0 = [Z_0 u_0]$ heiße *Verschwindungshyperebene*. Jeder Punkt $Q \in \Omega_0$ ($Q \neq Z_0$) bildet sich in Π_0 auf einen Fernpunkt ab. Ω_0 schneidet jede Rißebene π_i in einer Geraden v_i, die *Verschwindungsgerade* von π_i heißen soll. Punkte aus v_i haben uneigentliche Bilder in Π_0; alle anderen Punkte von π_i, also auch Fernpunkte, haben in Π_0 eigentliche Bildpunkte. Man erkennt unmittelbar die Richtigkeit von

Satz 14: Fallen die Verschwindungsgeraden v_i aller Rißebenen π_i in den Grundschnitt, so sind in Π_0 die Ordner eines jeden Klubs untereinander parallel.

Enthält v_i den Kernpunkt O_i, so ist das Ordnerbüschel O_i^0 ein Parallelstrahlbüschel. Liegt ganz O in der Verschwindungshyperebene Ω_0 (affiner Sonderfall von 4. 2.), so sind alle Ordnerbüschel Parallelstrahlbüschel.

Einen der wichtigsten Vertreter des Falles, daß O in Ω_0 liegt, erhält man, wenn man die Grundprojektionen und auch den Riß auf Π_0 als Parallelprojektionen wählt, d. h. wenn $Z_1, Z_2, \ldots Z_{n-1}$ und Z_0 in $\Omega = \Omega_0$ liegen. Wir bezeichnen ein solches System als *affines K-System* schlechthin, bzw. wenn Z_0 in O liegt, als *affines G-System*. Hier und in allen jenen Fällen, in denen Z_0 in Ω liegt, werden die Punktfelder in den Rißebenen π_i auf affine Felder in Π_0 abgebildet. H. Horninger bedient sich in seiner Arbeit „Über Treffprobleme im vierdimensionalen Raum" (Revista Matematica y Fisica Teorica, Vol. XIII, 1960, No. 1 y 2, Universidad Nacional de Tucuman) eines Abbildungsverfahrens im R_4, das laut Definition zwar kein G-System ist, bei dem aber die Situation in der Zeichenebene mit der eines geeignet gewählten affinen G-Systems übereinstimmt.

Zweckmäßig ist es auch, die Punkte des affinen R_n auf ein Parallelkoordinatensystem mit dem Ursprung U und den Koordinatenachsen $x_1, x_2, \ldots x_n$ zu beziehen. Man kann dann z. B. die x_1-Achse als Grundschnitt wählen und nach 3. 2. ein Simplexbildersystem aufbauen, in dem die Fernpunkte der Achsen $x_2, x_3, \ldots x_n$ als Grundzentren fungieren. Kennt man dann die Bilder der auf den x_i-Achsen liegenden Einheitspunkte, so kann man die R_n-Punkte vermöge ihrer Parallelkoordinaten abbilden. Wegen Satz 12 geben die Bilder der Achsen $x_2, x_3, \ldots x_n$ in Π_0 die $n-1$ Ordnerrichtungen an (*affines Simplexbildersystem*, bzw. wenn Z_0 in O liegt, *affines Simplex-G-System*). Liegt Z_0 nicht in O und nimmt man noch den direkten Riß aller R_n-Punkte P ($P \notin \Omega$) aus Z_0 auf Π_0 hinzu, so kommt man zur *parallelaxonometrischen Darstellung des R_n*[9].

5. 2. K-Systeme im euklidisch metrischen R_n

Zur Abbildung euklidisch metrischer Räume wollen wir hier ausschließlich Normalprojektionen verwenden, also solche P-Projektionen, bei denen das Zentrum Z_i absolut polar zum Fernraum von Π_i ist. Naheliegenderweise verlangen wir zusätzlich noch, daß die Grundbildräume paarweise orthogonal seien. Durch diese Forderungen kommt man zwangsläufig zum Simplexbildersystem. Auch hier wird man am zweckmäßigsten die Punkte P des R_n auf ein orthogonales kartesisches Koordinatensystem $U, x_1, x_2, \ldots x_n$ beziehen, die x_1-Achse als Grundschnitt und die Fernpunkte der übrigen Achsen als Grundzentren wählen und die Punkte P unter Verwendung ihrer Koordinaten abbilden. Man wird trachten, die in den Rißebenen liegenden Punktfelder auf kongruente Punktfelder in Π_0 abzubilden. Es ist nun die Frage, ob sich ein Zentrum Z_0 finden läßt, das eine solche Abbildung auf Π_0 leistet.

Wählt man z. B. die Rißebene $\pi_1 = [x_1 x_2]$ als Π_0, so kann man $\pi_i = [x_1 x_{i+1}]$ ($i = 2, 3, \ldots n-1$) innerhalb des dreidimensionalen Raumes $[\pi_1 \pi_i] = [x_1 x_2 x_{i+1}]$ um den Grundschnitt $X = x = x_1$ nach $\pi_1 = \Pi_0$ drehen; je nachdem man die positive Halbachse x_{i+1} in die

---

[9] Vgl. [7], § 5.

positive oder negative x_2-Halbachse überführt, gibt es dabei zwei Drehungen, die π_i mit Π_0 vereinigen, also insgesamt 2^{n-2} verschiedene Anordnungen der gedrehten Bildfelder in Π_0. Wir greifen nun eine dieser 2^{n-2} Anordnungen heraus und zeigen, daß es ein $(n-3)$-dimensionales Zentrum Z_0 gibt, das die $n-2$ Drehungen durch eine einzige Projektion ersetzt.

Die Drehung von π_i nach $\pi_1 = \Pi_0$ innerhalb des dreidimensionalen Raumes $[\pi_1 \pi_i]$ ist durch die Parallelprojektion aus dem Fernpunkt U_i

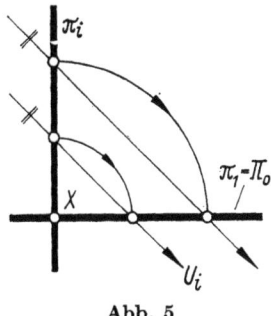

Abb. 5

der Drehsehnen ersetzbar (siehe Abb. 5, wo π_1 und π_i aus dem Fernpunkt von X betrachtet werden). Nimmt man nun wieder den R_n als Operationsraum, so ist jeder zu Π_0 punktfremde R_{n-3}, der $[\pi_1 \pi_i]$ im Punkt U_i schneidet, als Zentrum für eine P-Projektion geeignet, die dasselbe leistet wie die Parallelprojektion aus U_i. Den $n-2$ Drehungen der Rißebenen $\pi_2, \pi_3, \ldots \pi_{n-1}$ nach Π_0 sind somit $n-2$ Punkte U_i zugeordnet; ihr Verbindungsraum ist dann das gesuchte $(n-3)$-dimensionale Zentrum Z_0.

Das vorliegende System ist ein Simplexbildersystem, in dem die Fernpunkte der in π_i liegenden Achse x_{i+1} und der in π_1 liegenden Achse x_2 Grundzentren sind. U_i liegt in der Ferngeraden der Ebene $[x_2 x_{i+1}]$, also auf der Verbindungsgeraden zweier Grundzentren. Daraus folgt, daß $Z_0 = [U_2 U_3 \ldots U_{n-1}]$ ganz in O liegt und daher ein G-System betimmt. Wir fassen diese Ergebnisse zusammen in

Satz 15: Für die Abbildung eines euklidischen R_n eignet sich besonders ein Simplexbildersystem, in dem man den Grundschnitt in die x_1-Achse

und die Grundzentren in die Fernpunkte der übrigen Achsen $x_2, x_3, \ldots x_n$ eines orthogonalen n-Beins legt und z. B.Π_0 mit der Rißebene $\pi_1 = [x_1 x_2]$ zusammenfallen läßt. Es gibt 2^{n-2} Zentren Z_0, die die in $\pi_i = [x_1 x_{i+1}]$ ($i = 2, 3, \ldots n-1$) liegenden Punktfelder je durch einen einzigen Projektionsvorgang auf kongruente Punktfelder $\pi_i{}^0$ in Π_0 abbilden. Ein Z_0 ist Verbindungsraum von $n-2$ Drehsehnenfernpunkten, aus denen innerhalb der dreidimensionalen Räume $[\pi_1 \pi_i]$ die Punktfelder π_i auf kongruente Felder $\pi_i{}^0$ in $\pi_1 = \Pi_0$ projiziert werden. Jedes Z_0 bestimmt ein G-System.

Systeme von der in Satz 15 beschriebenen Bauart sollen *orthogonale G-Systeme* heißen. Sie sind konstruktiv günstiger als die von Schoute und Mehmke für die Abbildung euklidischer Räume benützten Systeme, da an die Stelle der Bindung der Bildpunkte $P^1, P^2, \ldots P^{n-1}$ an ein Ordnerpolygon nur ein einziger Ordner tritt.

Die Abbildung linearer Räume und die Lösung von Lagenaufgaben in allgemeinen K-Systemen möge einer späteren Arbeit vorbehalten bleiben.

Literatur

[1] E. Bertini: Einführung in die Geometrie mehrdimensionaler Räume, Verlag von L. W. Seidel und Sohn in Wien, 1924.

[2] L. Eckhart: Über die Abbildungsmethoden der darstellenden Geometrie. Sitzungsber. d. Akad. d. Wiss. in Wien, 132. Bd. (1932).

[3] F. Hohenberg: Projektionen projektiver Räume. Mon. f. Math. 61 (1957).

[4] R. Mehmke: Leitfaden zum graphischen Rechnen. Verlag Deuticke, Wien und Leipzig, 1924.

[5] — Über die darstellende Geometrie der Räume von vier und mehr Dimensionen. Math.-naturw. Mitt., Stuttgart 6 (1904).

[6] E. Müller: Vorlesungen über darstellende Geometrie, Bd. 1, Die linearen Abbildungen, bearbeitet von E. Kruppa. Deuticke, Wien und Leipzig, 1923.

[7] P. H. Schoute: Mehrdimensionale Geometrie, 1. Teil. Leipzig 1902 (Sammlung Schubert XXXV).

[8] J. P. Tschupik: Über die Abbildung des projekiven R_n durch zwei Projektionen, Mon. f. Math. 63 (1959).

Die in den Sitzungsberichten Abt. I und Abt. II der math.-nat. Klasse der Österr. Akad. d. Wiss. erscheinenden Abhandlungen werden auch einzeln abgegeben. Sie können durch jede Buchhandlung oder direkt durch die Auslieferungsstelle der Österreichischen Akademie der Wissenschaften (Wien I, Singerstraße 12) bezogen werden.

Nachfolgende Abhandlungen aus den Fächern **Meteorologie** und **Geophysik** sind erschienen:

1951 (S II a, Bd. 160):

Hoinkes H.: Über Nordföhnerscheinungen nördlich des Alpenhauptkammes (mit 13 Abbildungen), 23 Seiten. S 7.—

1952 (S II a, Bd. 161):

Untersteiner N.: Über Schwankungen der barometrischen Mitteltemperatur an einem tropischen Stationspaar (mit 2 Abbildungen), 11 Seiten. S 9.—

1953 (S II a, Bd. 162):

Schwarzacher W., Untersteiner N.: Zum Problem der Bänderung der Gletschereises (mit 14 Abbildungen). S 23.40

1955 (S II, Bd. 164):

Ambach W.: Über die Strahlungsdurchlässigkeit des Gletschereises (mit 4 Abbildungen). S 7.—
Dirmhirn Inge: Über Strahlungsmessungen auf einer Reise durch Norwegen (mit 2 Abbildungen). S 12.50

www.ingramcontent.com/pod-product-compliance
Ingram Content Group UK Ltd.
Pitfield, Milton Keynes, MK11 3LW, UK
UKHW022233230426
12048UKWH000178A/1237

GPSR Compliance
The European Union's (EU) General Product Safety Regulation (GPSR) is a set of rules that requires consumer products to be safe and our obligations to ensure this.

If you have any concerns about our products, you can contact us on ProductSafety@springernature.com

In case Publisher is established outside the EU, the EU authorized representative is:
Springer Nature Customer Service Center GmbH
Europaplatz 3
69115 Heidelberg, Germany